生态
STEAM

家庭趣味
实验课

我们用的能源

[英]乔治亚·阿姆森－布拉德肖　著

罗英华　译

GUANGXI NORMAL UNIVERSITY PRESS
广西师范大学出版社
·桂林·

出版统筹：汤文辉		美术编辑：卜翠红	
品牌总监：耿 磊		版权联络：郭晓晨 张立飞	
选题策划：耿 磊		营销编辑：钟小文	
责任编辑：戚 浩		责任技编：王增元 郭 鹏	
助理编辑：王丽杰			

Picture acknowledgements:

Images from Shutterstock.com: Vector 4t, George Rudy 4c, NEGOVURA 4b, Merla 5t, Boutique Isometrique 5c, ProStockStudio 5b, Dmitry Sedakov 6t, Arcansel 6b, Rudmer Zwerver 7t, Jovanovic Dejan 7bl, Vladi333 8t, MC_Noppadol 8b, FloridaStock 9t, Macrovector 9b, hramovnick 11r, Tatiana Stulbo 12t, Puslatronik 12b, ArtMari 13t, justone 16t, wawritto 16b, R. Vickers 17t, Mike Shooter 17c, Drogatnev 17b, metamorworks 18t, nnattalli 18b, Fotokostic 19t, Stockr 19b, petovarga 20t, daulon 20c, brown32 20b, MoonRock 21t, Iconic Bestiary 24, testing 24b, Nina Puankova 25t, Dragon Images 25c, Anticiclo 25b, Cherkas 26t, NEGOVURA 27t, Sirocco 27c, Anton Watman 27b, petovarga 28t, Art Alex 28b, Studio BKK 29t, Romaset 29c, cozyta 32c, Ira Yapanda 32b, mmmx 33t, Oleskova Olha 33b, oorka 34t, Desingua 34b, Olga Shishova 35t, petovarga 35c, Jason Benz Bennee 35b, Tom Grundy 36t, Kit8.net 36l, AlenKadr 37t, SkyPics Studio 37b, zhangyang13576997233 40t, Iterum 41c, TatyanaTVK 42t, ribz 42l, Vector Mine 42r, Oliver Hoffman 43, Macrovector 44t, ProStockStudio 44r, Frederic Legrand -COMEO 44b, CW Craftsman 45t, Sentavio 45b, Julia's Art 46t, Africa Studio 46c, Bukhavets Mikhail 46b

Image from wiki commons: Tennessee Valley Authority 10, NASA 41t

Illustrations by Steve Evans: 15, 23, 31, 39

All design elements from Shutterstock.

著作权合同登记号桂图登字：20-2019-181 号

图书在版编目（CIP）数据

我们用的能源 /（英）乔治亚·阿姆森-布拉德肖著；
罗英华译. 一桂林：广西师范大学出版社，2021.3
（生态 STEAM 家庭趣味实验课）
书名原文：The Energy We Use
ISBN 978-7-5598-3544-4

Ⅰ . ①我… Ⅱ . ①乔… ②罗… Ⅲ . ①能源－青少年
读物 Ⅳ . ①TK01-49

中国版本图书馆 CIP 数据核字（2021）第 006958 号

广西师范大学出版社出版发行

（广西桂林市五里店路 9 号　邮政编码：541004）
（网址：http://www.bbtpress.com）

出版人：黄轩庄

全国新华书店经销

北京博海升彩色印刷有限公司印刷

（北京市通州区中关村科技园通州园金桥科技产业基地环宇路 6 号　邮政编码：100076）

开本：889 mm×1 120 mm　1/16

印张：3.5　　字数：81 千字

2021 年 3 月第 1 版　　2021 年 3 月第 1 次印刷

审图号：GS（2020）3673 号

定价：68.00 元

contents
目录

认识能量

什么是能量？科学上的定义是做功能力。可这是什么意思呢？能量是万事万物得以运作的必备条件。有了它，机器得以运转，植物得以生长，鸟儿得以飞翔，人类得以使用各种各样的电子设备。人类之所以能够成为一个强大的物种，和我们驾驭能量的能力息息相关。

能量的类型

能量有很多种不同的形式，包括动能、势能、化学能、热能、光能、电能等。动能是物体由于机械运动而具有的能量，比如，保龄球在地板上滚动，具有动能。而煤这种燃料所储存的能量，就是一种化学能。

关注点：

能量守恒定律

在一个孤立系统中，能量既不能产生，也不能消灭。系统中各种能量可以相互转换，但其总和不变。科学家把这个事实称为"能量守恒"。比方说，煤在燃烧的过程中，其中储存的化学能就会转变为光能和热能。能量可以被储存起来，以供将来使用。

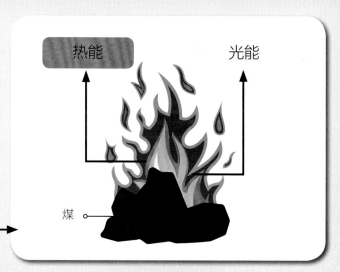

热能　　　　光能

煤

使用能源

人类每天都会使用不同类型的能源。我们吃的食物具有化学能。我们的身体可以把食物中的化学能转变成保持体温稳定的热能，也可以转变成我们运动时具有的动能。日常生活中，我们还会使用电能为家里的电器供电，如电视能把电能转化为光能和声能。

哪怕是人在休息的时候，都会以约 80 瓦特的功率消耗能量来维持体温——这差不多相当于一台笔记本电脑的功率！

能量转化

能量无处不在，但在这本书当中，我们关注的是为我们的家庭、工厂以及交通系统提供动力的能源。在人类历史上，我们逐渐学会将化石燃料当中储存的化学能转化成其他不同类型的能量，这样的能力是意义非凡的。但是，我们对燃料的过度依赖，在取得文明进步的同时，也让我们付出了相应的代价。在接下来的几页当中，你将看到更多这方面的内容。

燃油汽车所消耗的能量就来自汽油和柴油当中储存的化学能

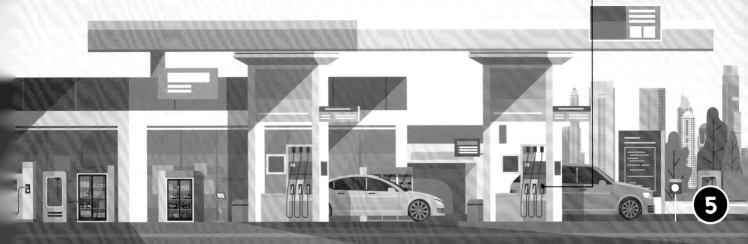

我们使用燃料的方式

在人类历史的大部分时间，人们所使用的燃料都是生物质燃料，如木柴。生火和维持火堆燃烧的能力，不仅使我们的祖先得以取暖和烹饪熟食，还让人类得以发展出更多的技术，比如，用黏土烧制陶器，将金属冶炼成工具，等等。

关注点：

生物质燃料

像木头、稻草，甚至是动物粪便这些能够直接焚烧以提供能量的有机物质，就是生物质燃料。现如今，在全球一次能源供应中，有 10% 是来自生物质燃料。

动物粪便

木头

稻草

从木头到煤炭

煤被人类当作燃料来使用，也已经有了上千年的历史。但它真正改变人类历史进程，是从 18 世纪的工业革命时期开始的。在这个时期，科学家和工程师发明出了许多功能强大的机器。这些机器的用途多种多样，有的可以为纺织业纺纱，有的可以为火车提供动力。所有这些机器几乎都是由蒸气驱动的，而蒸气又是由煤炭燃烧将水加热，水通过吸热蒸发而产生的。直到今天，我们有的发电厂还使用着由蒸气驱动的涡轮机。（详情请见第 10 ~ 11 页）

化石燃料

　　煤、石油、天然气等燃料被称为化石燃料。化石燃料是由埋藏在地下的古代动植物的遗骸形成的。随着时间的推移，地下极端的高温高压环境将古代动植物的遗骸转化为富含能量的化石燃料。

内燃机

　　19 世纪后期，内燃机问世。这项技术与蒸汽机不同的地方在于，它不再需要将水加热来产生蒸气，而可以直接燃烧汽油或者柴油等燃料来驱动机器。同时，内燃机的重量要比蒸汽机轻上许多。所以，这项技术的问世，也使汽车和飞机等交通工具得到了进一步发展。

全球变暖

　　不幸的是，我们对化石燃料的过度依赖正在对自然环境产生巨大的负面影响。化石燃料在燃烧的过程中会释放出大量的气体，这些气体会阻碍地表热量的散发，于是，地表的温度就会越来越高，这就是我们所说的全球变暖。全球变暖严重扰乱了正常的气候模式，带来了灾难性的后果。更多相关的信息，请阅读下一页。

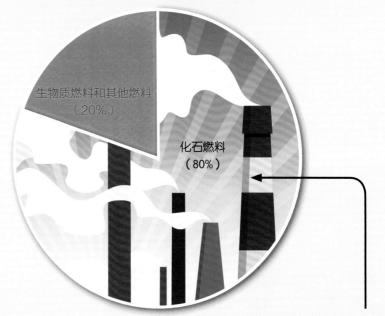

生物质燃料和其他燃料
（20%）

化石燃料
（80%）

目前，在全世界使用的能源中，80% 都属于化石燃料

问题：
气候变化

在地球周围有一层薄薄的气体，叫作大气层。它就像一条透明的毯子，既能保护地球上的各种生物免受太阳辐射的伤害，又能吸收一定的太阳热量，让生命在适宜的环境中茁壮成长。但是，人类活动正在逐渐改变大气层的状态，这造成了气候变化。

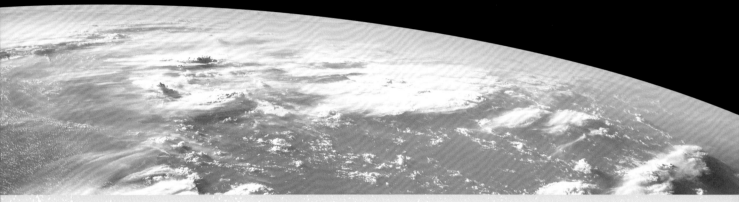

大气中的气体

大气层由各种气体组成，主要有氮气、氧气，以及少量其他的气体，如二氧化碳、甲烷和水蒸气等。化石燃料的主要组成元素是碳，所以，当它们燃烧时，就会向大气中释放二氧化碳。随着时间的推移，大气中的二氧化碳含量一直在攀升。

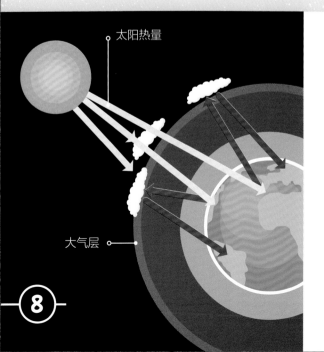

太阳热量

大气层

温室效应

二氧化碳、甲烷都是温室气体，这意味着它们会像温室的玻璃外墙那样，把太阳的热量囤积在大气层之中。随着大气中温室气体含量的增加，地球的整体温度也会不停上升。

到 21 世纪末，地球表面的平均温度可能会上升 2℃—6℃。

冰川融化

全球气温上升对世界各地都会产生影响。极地地区的冰川会融化，全球海平面会上升，这会进一步造成一些低洼的地区洪水肆虐。

到 2040 年，北极地区的冰川可能会季节性消融。

极端天气

全球变暖也会影响天气模式。因为温暖的空气比起冷空气而言，能容纳更多的水蒸气，因此，大气温度上升，云层中将会积攒更多的水汽。在一些地区，这样的效应会导致干旱，因为云层中的水汽很难达到饱和，无法形成降雨。然而，在降雨可以形成的地区，这种效应又可能会造成洪水泛滥。因为在降雨形成之前，云层当中已经积攒了比以往更多的水汽。同时，这还有可能造成更为极端和猛烈的风暴。因为空气或者海洋当中的热量也是一种能量，热带风暴就是由这种能量驱动的。

对人类的影响

洪水和干旱会阻碍农作物的正常生长，从而可能会导致我们面临饥荒。同时，洪水和暴风还会摧毁我们的家园，使大量居民流离失所，这又可能进一步造成某些地区局势的紧张和动荡。

暴风

洪水

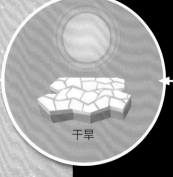

干旱

供能

人类社会进行供电和供暖的生产活动，是温室气体的最主要来源。当发电厂将煤、石油、天然气等化石燃料中的化学能转化成供给千家万户的电能和热能时，大量的温室气体被释放到大气之中，造成了全球变暖。

我们如何发电？

传统发电厂的工作步骤如下：

① 煤、石油、天然气等化石燃料中储存着丰富的化学能。当这些燃料被投入锅炉中燃烧之后，其中的化学能会转化成热能。热能被用来加热装满水的管道，使管道中的水成为蒸气。

排放物

锅炉

煤

烧水

令人惊讶的是，燃料完全燃烧产生的二氧化碳，比燃料本身还要重。这是因为燃料在完全燃烧的过程中，每个碳原子都会和空气中的两个氧原子结合，生成二氧化碳。如果你对这方面的内容感兴趣的话，可以翻到第 27 页进行更加深入的阅读。

2 产生的蒸气会带动涡轮机——一个由很多金属叶片组成的酷似风车的机器。在这个过程中，蒸气所携带的能量转化成涡轮机的动能。在使涡轮机快速转动之后，消耗了能量的蒸气会重新冷凝成液态水，可以重复使用。

3 涡轮机和发电机相连。在发电机内部，金属线圈会绕过一块强力磁铁。在旋转的过程中，金属导线中就能产生电流。动能就会被转化成电能。然后，电流通过电缆，就能被输送到工厂和千家万户。

发电厂中的大型发电机

蒸气　　涡轮机

输出电流

一切尽在旋转中

所以，在发电厂中，电能是由金属丝以非常快的速度在强力磁铁中旋转而产生的。燃烧燃料，产生蒸气，这只是推动旋转运动的众多方法之一。

发电机

解决它！
绿色能源

如果我们能找到带动发电机转动的其他能源，就可以不必依赖于化石燃料了。幸运的是，我们拥有大量来自自然的能源可以替代化石燃料。想想看，这些能源都包括什么呢？

风能

几千年来，人类一直都在利用风能，比如，为磨坊或者帆船提供动力。

▶ 风能是哪种类型的能量？

▶ 使用什么样的技术才能把风能运用在发电机上？

地热能

地球中心的温度高得令人难以置信。在一些地区，地球内部的热量可以到达非常靠近地表的地方，不需要挖掘多深，就能找到高温的岩石。想想看：

▶ 用什么样的方法可以利用地热能来驱动发电机呢？

火山地区

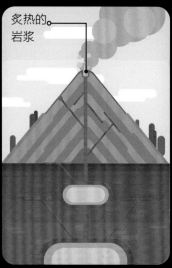

炙热的岩浆

水力发电

当物体受到重力作用时，它们就会具有重力势能。想象一下，当一个人骑着自行车行驶在下山的路上时，即便他捏住了刹车，他也有向下运动的"潜力"。而当他松开刹车，他和自行车就会自动地从山坡上向下滑动。这个时候，重力势能就被转化成了动能。

▶ 你了解河流和它们流动的方向吗？

▶ 你能想出一种利用水和重力势能来发电的方法吗？

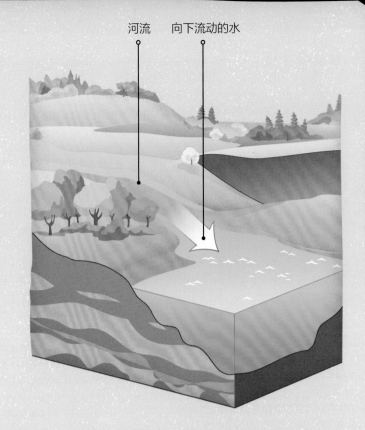

河流　向下流动的水

你能解决它吗？

仔细想想上面提到的这些问题。

可以结合你学到的发电的相关知识，以及你在现实生活当中看到的一些发电的方法去解决它们。

写下你思考出的答案，并画图说明你想出的方法具体是怎么操作的。

需要帮助？翻到第42页，看看答案吧。

试试看！建造一个小型风力发电机

用你自己制作的小型风力涡轮机，把风能转化成电能吧！

你将会用到：

- 1 台小型马达（可以从电器商店或者网上购买）
- 1 个塑料水瓶
- 1 把剪刀
- 1 只直径为 5mm 的 LED 小灯泡（可以从电器商店或者网上购买）

- 1 把锤子和一些钉子
- 一些橡皮泥
- 1 块泡沫塑料或者 1 个小纸箱
- 1 捆胶带

第（一）步

从瓶身开始弯曲的地方把塑料瓶的顶部剪下来，用来制作涡轮机的叶片。然后把这个部分沿着瓶身到瓶口的方向，均匀地剪成宽度在 3 厘米左右的细条，这就是涡轮机的叶片。

第（二）步

把剪好的叶片向瓶口方向弯折，让叶片散开，形成一个扁平的圆。然后把每个叶片都朝同一个方向稍微旋转一下，让它们朝着同一个角度倾斜。

第（三）步

把瓶盖拧下来，请大人帮你在瓶盖中央打一个小孔，小孔的大小要和你买的马达轴的横截面大小保持一致。这一步可以通过用锤子把钉子尖锐的那一端轻轻敲进瓶盖来完成。

第（四）步

把打好孔的瓶盖拧回制作好的涡轮机的叶片上，然后，把组装好的这个整体安装到马达的轴上。如果小孔比轴大了，要用橡皮泥把它固定住。

第（六）步

如图所示，用胶带把马达粘在较高处的小纸箱或者泡沫塑料边缘，这样涡轮机的叶片就能自由地旋转了。然后，试着对着叶片吹气，或者把它放在风扇面前，让它转动起来。现在，你的 LED 小灯泡亮起来了吗？

第（五）步

把 LED 小灯泡的两条腿连接到马达背面的两个端口上，你可以通过把两条导线分别拧在两条腿上的方式将它们连接在一起。但是，只有当导线对应连接到正确的端口上时，灯泡才会亮。所以，当涡轮机的叶片旋转起来而 LED 灯泡没有亮的时候，请尝试更换 LED 灯泡导线连接的端口。

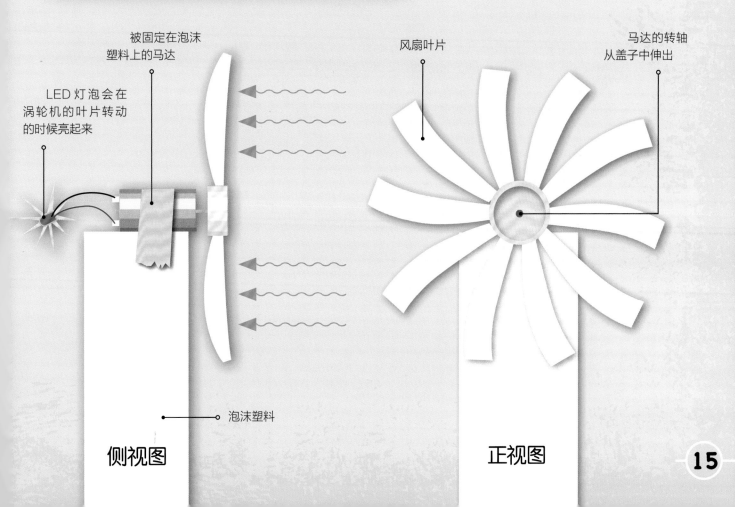

被固定在泡沫塑料上的马达

LED 灯泡会在涡轮机的叶片转动的时候亮起来

风扇叶片

马达的转轴从盖子中伸出

泡沫塑料

侧视图

正视图

　　煤、石油和天然气都是不可再生资源。过度依赖化石燃料除了造成气候变化之外，还会带来另一个严峻的问题：如果所有的化石燃料都用光了，人类该何去何从？因为化石燃料需要数百万年的时间才能形成，所以，开发出我们能够长久使用的可再生能源，成了至关重要的议题。

关注点：
可再生能源

　　太阳能、风能、地热能、生物质能和水能，都是可再生能源。换言之，就是我们在很长一段时间内不用担心这些能源会被用完。

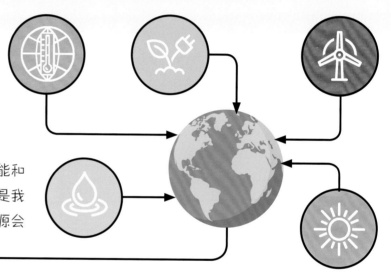

深入地下

　　化石燃料大多都埋藏在地下深处。这意味着，人类想要把它们从地下采掘出来，并不是一件简单容易的事情。一般我们需要挖掘几千米深的油井，才能顺利地开采石油。但是，随着我们逐渐耗尽了靠近地表的石油储备，我们就只能挖掘更深的油井，才能保障石油的供应。

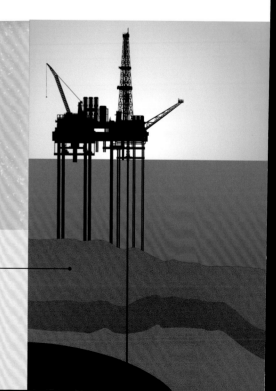

　　建造海上石油平台是一项技术含量极高的工程。有的平台建造在从海底拔地而起的巨型塔楼上，有的平台则是漂浮在海面上的，依靠一些缆索固定在特定的地方

生态系统被破坏

人类对石油的巨大需求促使石油公司将目光投向那些难以到达的地方，如海底、北极这样的原始环境。巨大的机器撕裂了脆弱的动植物栖息地，石油钻探和开采对自然生态系统产生了严重的破坏。不仅如此，石油泄漏等事故也常常给野生动物带去灭顶之灾。

一条穿越美国阿拉斯加、北极冻土带的石油管线

墨西哥湾深水地平线的石油泄漏事故导致约7亿升石油被排放到海洋当中。这导致了数以千计的鸟类和其他动物失去了生命，并造成长期的环境破坏。

燃料之外

石油不仅能在发电厂中进行燃烧发电，还能被提炼成汽油、柴油等汽车燃料。事实上，作为能源只是石油的众多用途之一。石油还是制造塑料的原材料，也是印刷、医药和农业化肥生产等领域中不可或缺的重要原料。环顾四周，你会发现，周围的很多物品都和石油有着不可分割的联系。因此，一旦石油耗尽，寻找其他的替代品就变成了人类不得不面临的挑战。

替代性燃料

石油枯竭

地球上绝大部分能源其实都来自太阳。数百万年前生长的植物通过光合作用储存来自太阳的能量，最终变成了今天我们使用的化石燃料。其实，现在正在生长的植物也在不停地获取来自太阳的能量，这些能量也能被用作燃料，为人类提供能源。

生物燃料的种类

正如化石燃料可以分为汽油、柴油、煤油等不同的种类一样，生物燃料也可以分为很多不同的种类。从大豆中压榨出的植物油可以被直接放在一些发动机中，作为燃料进行燃烧供能。这种植物油也可以进一步加工成生物柴油，供给普通柴油发动机使用。用小麦、玉米、甘蔗制成的高浓度酒精，也可以当作燃料使用。

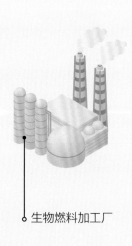

一些生物燃料可以为车辆提供动力

生物燃料加工厂

生物燃料的优点

与化石燃料相比，生物燃料最大的优势就在于可再生。农作物可以在几个月的时间内就完成收割和加工，而不必像化石燃料那样需要数百万年才能形成。

大豆能在一年的时间内完成生长，很快就能收获和加工

生物燃料的问题

不幸的是，生物燃料并不是应对气候变化的灵丹妙药。尽管燃烧生物燃料不会像燃烧化石燃料那样，释放出埋藏在地底数百万年的碳元素，但是，种植和加工生物燃料作物的过程，也会释放出大量的二氧化碳。事实上，农业生产正是人类社会碳排放的一大重要源头，耕地等驱动拖拉机之类的农业机械作业的生产活动，都会向大气中排放大量的温室气体。

空间不足

生物燃料作物的种植需要大面积的土地，这是生物燃料带来的另一个主要问题。开垦土地种植农作物可能需要砍伐森林，破坏自然植被，从而摧毁野生动植物的栖息地，造成生物多样性的丧失。同时，由于种植生物燃料作物比种植粮食作物更加有利可图，这可能导致从前种植粮食的土地也被用来种植生物燃料作物，由此形成种植的粮食不足以养活当地居民的状况。

如果美国需要依靠用大豆制作的生物燃料来满足美国民众对于汽油和柴油的需求，那么，种植大豆所需要的土地面积，将会是美国国土面积的 **150%**。

解决它！
可持续生物燃料

专门种植生物燃料作物，用以加工成生物燃料，其实并不是我们寻找化石燃料替代物的完美方案，因为种植这些作物不仅需要大面积的土地，也会向大气中排放大量的温室气体。但是，有一些生物燃料可以在不产生其他负面影响的情况下，带来良好的环境效益。开动脑筋，你能想出这是怎么做到的吗？

事实一

当食品垃圾、动物粪便等有机物，在没有氧气的环境下被某些细菌分解时，就会产生甲烷。

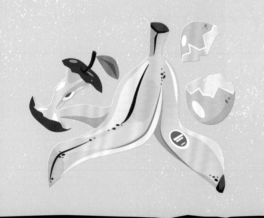

事实二

甲烷是一种强有力的温室气体，它能吸收的太阳热量甚至比二氧化碳还多。

太阳热量　　　　　含有甲烷的大气

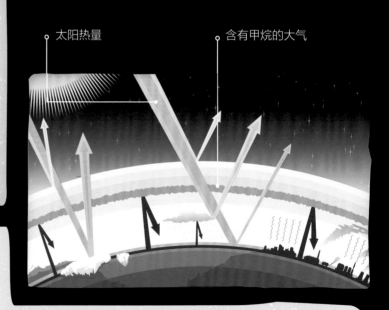

事实三

在垃圾腐烂的过程中，垃圾填埋场也会释放出大量的甲烷。

事实四

甲烷可以被用作燃料，为燃气灶、供暖系统和车辆提供能量。甲烷完全燃烧之后，会产生二氧化碳和水。

事实五

除了能产生甲烷之外，有机物在被细菌分解之后，还会形成一种叫作沼渣的东西。沼渣当中富含植物生长所需的养分。

事实六

许多生物燃料面临的最大问题就是需要大量的土地才能满足原料的种植需求。而这些土地原本是用来生产粮食，或为野生动植物提供栖息地的。

 你能解决它吗？

看看上文中列出的这些事实，你能想出一种方法，既可以产生甲烷，又不用侵占生产粮食的土地或野生动植物的栖息地吗？

▶ 除了减少我们对化石燃料的依赖之外，你还能发现用废料生产燃料的其他好处吗？

▶ 把你的想法写下来。别忘了把你想到的方法的优势也写出来哟。

感觉思维卡住了？
翻到第 43 页看看答案吧。

试试看！制作生物燃气

通过这个小实验，用食品垃圾来发酵出一些沼气。看看哪种食品垃圾可以产生更多的气体。注意：未经许可不能使用尖刀。沼气的主要成分甲烷是一种易燃气体，所以只有在远离明火的环境中才能做这个实验。

你将会用到：

- 4 个没有充气的气球
- 4 个容量为 500 mL 的塑料瓶
- 1 卷强力胶带
- 1 个漏斗
- 200 g 香蕉泥
- 200 g 生菜
- 200 g 食物残渣

- 1 把叉子和 1 个碗
- 1 把茶匙
- 1 把尖刀和 1 块砧板
- 1 台厨房秤
- 一些温水
- 1 把卷尺

第 一 步

用厨房秤称出 200 g 生菜，用刀把它切细。你可以请大人帮你完成切菜这一步。然后，把 200 g 生菜丝装进第一个塑料瓶。

第 二 步

再称出 200 g 香蕉，用叉子把香蕉捣制成泥。然后通过漏斗将 200 g 的香蕉泥用勺子装进第二个塑料瓶。

第 三 步

称出 200 g 的食物残渣——可以是果皮、蔬菜残渣，也可以是晚餐吃剩的食物。把它们切碎或捣碎，然后装进第三个塑料瓶。

第④步

给每个瓶子灌满温水，注意不要让水溢出瓶子。另外，第四个瓶子中只装温水，作为这个小实验的对照组。

第⑤步

给每个瓶子的瓶口套上一个没有吹气的气球。用强力胶带把气球固定好，确保气球和瓶口相接的地方不会漏气。

第⑥步

把 4 个瓶子放在一个温暖的地方，比方说阳台上。一定要记得远离火焰！让 4 个瓶子在温暖的地方静置几天。

第⑦步

大约一周之后，应该有几个气球已经收集到发酵后产生的沼气了。哪一个气球膨胀得最厉害？用卷尺绕过每个气球最宽的部分，看看哪个瓶子里产生的气体最多。

用胶带把气球固定好

生菜   香蕉   食物残渣   对照组

！

注意

沼气是易燃气体。一定要把瓶子放在远离火焰的地方！

问题：
空气污染

太多的温室气体对于大气来说确实是坏消息。但二氧化碳还不是化石燃料燃烧产生的唯一不好的物质。其他的气体和颗粒物也会在化石燃料燃烧的过程中释放出来，对人类和环境产生负面影响。

有毒气体

化石燃料主要是由碳元素和氢元素组成的。然而，其中也存在少量其他元素，如硫元素。在燃烧的过程中，硫元素与空气中的氧气结合，就会产生有毒气体二氧化硫。在氧气不足的情况下，化石燃料燃烧还会产生另一种有毒气体——一氧化碳。不仅如此，在这个过程中还会有烟尘（非常微小的碳颗粒）产生。下一页会介绍这个过程的细节，继续看下去吧。

受污染的城市

空气污染在城市当中已经成了一个严峻的问题。部分原因在于，城市中数量众多的机动车会使用大量的汽油、柴油等化石燃料，于是就造成了空气污染。除此之外，煤被许多发电站当作燃料来发电，也会产生大量的烟尘。

关注点:

雾霾

当硫氧化物和烟尘等空气污染物在阳光照射下发生化学反应之后，就会产生雾霾。这是一种可见的空气污染，并且有可能导致严重的呼吸障碍。在某些天气条件的影响下，雾霾会被锁定在接近地面的空气当中，这会进一步扩大污染。

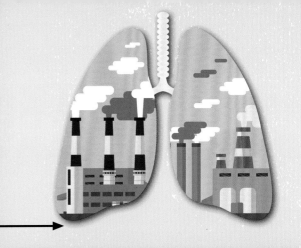

人体健康

含有诸如二氧化硫、一氧化碳等有害气体，以及烟尘等污染物的空气，会对人的健康造成严重的危害。吸入受污染的空气，有可能会造成肺部损伤，从而引发哮喘或感染。同时，空气污染还与中风、心脏病等高危疾病密切关联。

空气污染每年都会导致全球约 650 万人过早死亡。

环境破坏

二氧化硫和氮氧化物（化石燃料在汽车发动机中燃烧产生的化学物质）与大气中的水混合之后，会使空气中的水变为酸性。当这些水形成降雨之后，就是酸雨。酸雨对动植物的危害极大，特别是鱼类和两栖类动物。

酸雨使德国的一片森林里的所有树木都枯死了

燃烧燃料时会发生什么？

化石燃料燃烧是怎样释放出二氧化碳等污染物的？这一切都和"燃烧"这个化学反应密不可分。

原子和元素

世界上的一切都是由原子构成的。原子就像是一些微小到让我们无法想象的物质积木。科学家给不同类型的原子分类，把原子的类型称为"元素"。前文提到的物质组成成分中，就包括碳元素、氧元素、铁元素等。有些物质只由一种元素组成，如一块纯金中就只有金元素。但大多数物质都是由多种元素组成的。

纯金是一种由单一元素构成的物质

化合物与能量

由多种元素结合而成的纯净物称为化合物。水是由氢元素和氧元素组成的，化学式是 H_2O。二氧化碳和水一样，也是一种化合物。化合物的最小组成"片段"是一个分子。当一组原子以特殊连接方式非常紧密地结合在一起，或者被"捆绑"在一起时，分子就诞生了。要想把原子"捆绑"在一起，就需要先将它从原本的物质中"松绑"，而给原子"松绑"，需要能量。

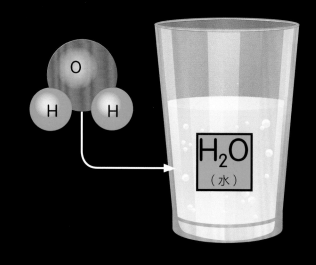

H_2O（水）

化学反应

　　燃烧就是一种化学反应。化石燃料主要由氢元素和氧元素组成。氧气存在时，加热燃料至一定温度会引发燃烧的化学反应。在燃烧过程中，原先把氢原子和碳原子"捆绑"在一起的"纽带"被打破（在化学领域，这种纽带被称为"化学键"），它们又分别与氧原子形成新的化学键，生成新的二氧化碳分子和水分子。

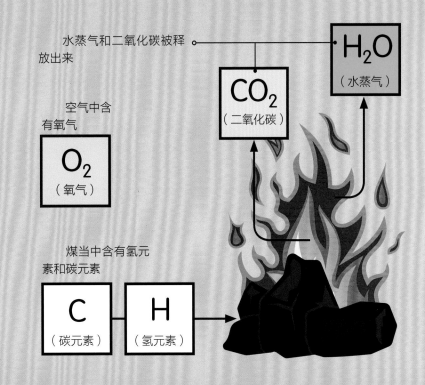

水蒸气和二氧化碳被释放出来

H_2O
（水蒸气）

CO_2
（二氧化碳）

空气中含有氧气

O_2
（氧气）

煤当中含有氢元素和碳元素

C
（碳元素）

H
（氢元素）

释放能量

　　形成新的化学键时，大量的能量就会以光能和热能的形式被释放出来。

不完全燃烧

　　在燃料燃烧的过程中，如果没有充足的氧气，也就不会有足够的氧原子与碳原子结合。于是，就会产生不完全燃烧，释放出烟尘和有毒气体一氧化碳。在二氧化碳当中，每个碳原子都会和两个氧原子结合，而一氧化碳的分子结构中，每个碳原子却仅与一个氧原子结合。不完全燃烧还会产生少量的碳颗粒——也就是我们看到的烟尘。

解决它！
驱动汽车

人类使用的汽车、轮船和飞机向大气中排放了大量的温室气体和污染物。怎样才能在不造成空气污染的情况下，为汽车提供能量呢？看看下面这些事实，针对这个挑战，你能想出怎样的解决方案呢？

事实一

电动汽车已经上市了。它们不使用燃烧化石燃料的发动机，而是由电池直接供电。

事实二

在使用交流电给电动汽车电池充电之后，电动汽车就能够正常行驶了。交流电由发电厂提供，可以通过电缆运输到汽车充电站。

事实三

在欧洲，30%的人驾车出行的距离不到3千米。

事实四

光伏电池，也被称为太阳能电池，能够直接利用阳光发电。

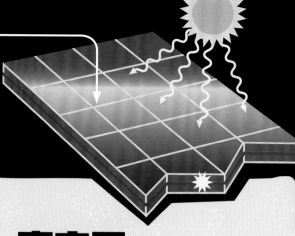

事实五

光伏电池需要很大的表面积吸收太阳能量。但是它们的重量很轻，甚至可以制成薄膜。

你能解决它吗？

仔细思考上面提到的那些信息。你能想出至少三种不同的方法，来减少交通工具产生的温室气体和空气污染物吗？

▶ 现在市面上都有什么类型的汽车

——是不是所有的类型都需要燃烧燃料才能驱动？

▶ 我们使用的电能是从哪里来的

——发电的过程是不是一定会产生温室气体？

▶ 我们能不能设计出一种为汽车和其他交通工具提供动力的新方法呢？

▶ 还有什么别的方法可以帮助我们减少车辆排放空气污染物呢？

还需要一点儿灵感？
翻到第 44 页看看答案吧。

试试看！
小型太阳能汽车

通过这个实验，自己制作一辆小型的环保汽车吧！

你将会用到：

- 1个带滑轮的小型马达
- 1块带电线的太阳能电池板（电池和马达都可以从电器商店或者网上购买）
- 1条粗粗的橡皮筋
- 2张 A4 大小的厚纸板
- 2根长长的木头签子
- 2根不可弯折的吸管
- 1把剪刀
- 1卷胶带
- 1瓶聚乙烯醇（PVA）合成胶
- 1个圆规和1支铅笔

第一步

用圆规在1张厚纸板上画出2个等大的大轮子和2个等大的小轮子。然后，再用圆规画出第五个轮子，这个轮子的直径要比之前大轮子的直径小几毫米。接着，用剪刀把5个轮子都剪下来，并且用木头签子在每个轮子的中心戳出1个小洞。

第二步

把2个大轮子叠在一起，中间放进剪出的第五个轮子。然后看看那根准备好的粗橡皮筋是不是可以刚好卡在3个轮子形成的凹槽里。如果中间的凹槽不够宽，你可能需要再剪1个与第五个轮子一样的轮子添加在中间。要是宽度刚好合适，你就可以把几个轮子用胶水粘在一起，这样就做出了1个皮带轮。

第三步

把第二张纸板按照吸管的长度裁剪出1块，然后，用胶布把吸管粘在裁好的纸板靠近尾端的位置上。

第（四）步

在第三步裁下的纸板前端正中央剪出一条缝。缝的宽度要比做好的皮带轮稍微宽一些。然后把第二根吸管从中间剪成两半，用胶带粘在纸板上那条缝的两边，位置差不多就在缝的中间，具体如下图所示。

第（五）步

把粗橡皮筋一头绕在做好的皮带轮上，另一头绕在马达的滑轮上。

第（六）步

把皮带轮沿着之前裁好的缝，放进厚纸板当中。然后，再用一根木签穿过两段吸管和皮带轮的中央。

第（七）步

用胶布把马达粘在皮带轮的另一端，让橡皮筋绷紧。接下来，把太阳能电池板的导线和马达的端口连接好，并且把太阳能电池板也粘在纸板上，就粘在马达的后面。

第（八）步

用剩下的一根木签穿过纸板上的吸管，然后在签子两端各插上一个小轮子。这样，你的小型汽车就制作完成啦！把它带到明媚的阳光下试一试吧！

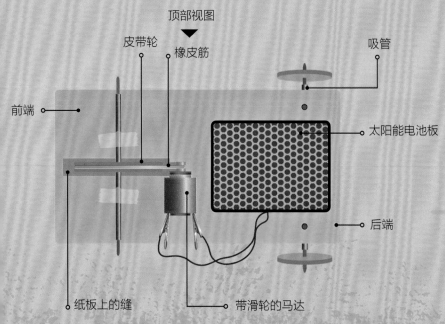

顶部视图

皮带轮　橡皮筋　　　　　　　吸管

前端

太阳能电池板

后端

纸板上的缝　　　带滑轮的马达

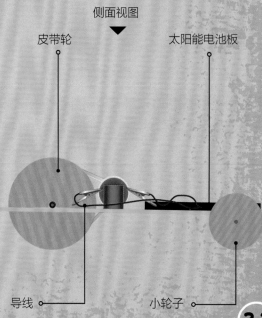

侧面视图

皮带轮　　　　　　太阳能电池板

导线　　　　　　小轮子

问题：
能源浪费

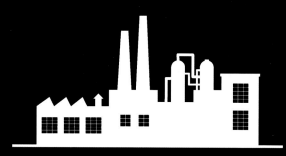

人类社会目前使用的电力绝大部分都是由大型化石燃料发电厂，通过被称为"电网"的电缆和电线网络输出的。但不幸的是，现在我们的发电和电力运输的效率都很低，因此浪费了大量的能源。

能源需求

我们每天都会使用大量的电能，但使用的速率不是很稳定。企业和家庭总的电力使用量被称为"能源需求"，这个数据并没有区分用电的时间是白天还是晚上。但人们往往在白天的某些时候需要使用大量的电能，而到了晚上睡觉和休息的时候却只使用很少的电能。可是，发电站的机器需要很长的时间才能启动和运转。所以，哪怕是在人们需求量很低的时候，发电站的机器也会持续运行，一直不停地燃烧化石燃料并排放温室气体和空气污染物。

发电站在夜晚依旧在运行

关注点：

电视转播

在英国，转播收视率非常高的电视节目（比如足球世界杯）时，居民用电需求激增。因为在这个时候，很多人会起床看电视，并且用电热水壶烧水，或者从冰箱当中拿取食物和饮料。这就导致了全国用电量在短时间之内激增。

输电电缆

输送过程中的能量损失

你听到过高压电线发出"噼噼啪啪"的声音吗？高压电线之所以有时候会发出这样的声音，是因为电线老化造成的，高压线并不能完美地做到将100%的电能运输到位。在世界上的许多国家，劣质或者老化的电缆和较落后的电网技术，导致电能在输送的过程中产生了大量的损耗，有一些电能在输送的过程中会以热能的形式损耗。很多电能在被输送到企业和家庭之前，就被浪费掉了。

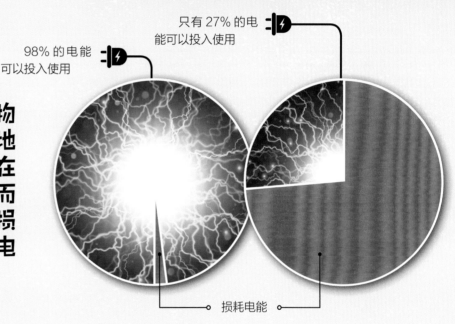

98% 的电能可以投入使用

只有 27% 的电能可以投入使用

在某些技术和物质条件不够完善的地区，73% 的电能会在传输过程中损耗。而在一些发达地区，损耗的电能仅为总发电量的 2%。

损耗电能

间歇性能源

风能和太阳能等可再生能源发电可以避免释放出不必要的温室气体和空气污染物，可应用于电力需求低迷的时候，但是，这些能源也面临着自己的技术局限。其中一个局限就是，并不是时时刻刻都有风在吹，也不是时时刻刻都有灿烂的阳光。这个问题被称为"间歇性问题"。为了克服这个问题，从而将它们纳入可靠的能源网络，我们就需要找到可以储存它们，并在必要的时候将它们释放出来的方法。要了解这方面的具体内容，请继续阅读下一页。

白天

夜晚

认识电

电流是自由电荷定向运动产生的一种物理现象。电子携带电荷，所以，当电子有规则地运动的时候，可以驱动机器的电流就产生了。

原子结构

原子是构成世界上所有物质的微粒。一般情况下，它们自身是由更小的中子、质子和电子组成的。原子当中质子的数量决定了原子属于哪种元素。由质子和中子组成的原子核位居原子的中心，而微小电子会绕着原子核高速运转。

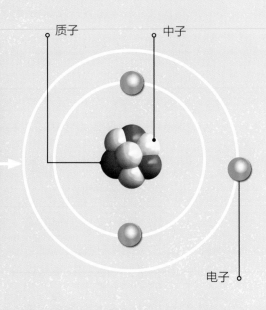

质子
中子
电子

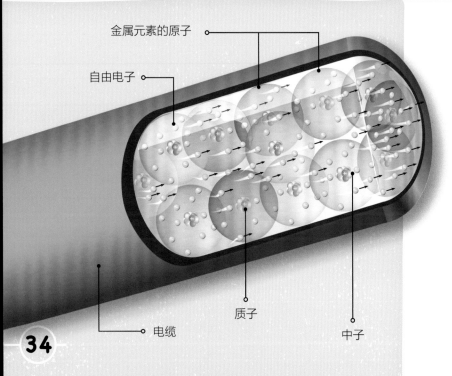

金属元素的原子
自由电子
质子
中子
电缆

流动的电子

有些电子很容易和原子核分离开，它们可以从一个原子跳到另一个原子上。而导体就是一些内部有大量可自由移动电子的材料。所以，电子从导体上流过，并带动设备运转的过程，就像是水流流过水车，让水车转动起来的过程。

电池技术

电只有"流动"起来才能发挥作用。但是，有时我们需要把电能储存起来，以便需要的时候再使用，正如我们上面提到的，我们需要把风能和太阳能转化成的电能储存起来，才能进行稳定的供电。充电电池解决了我们的这个问题，它能够把电能转化成化学能储存起来，在需要用电的时候，再将化学能转化成电能。

手机当中就有
一块充电电池

关注点：
锂离子电池

锂离子电池是现在人类拥有的最轻，也是最高效的电池。这种电池被广泛应用于电动汽车，此外还可以储存太阳能电池板和风力发电机等发电设备产生的可再生能源。

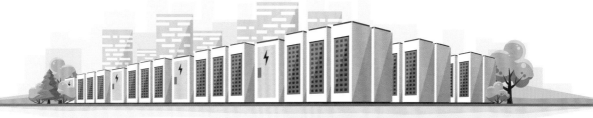

电池的缺点

锂离子电池和其他类似的化学电池都非常有用，但是也有缺点。随着越来越多的人选择购买电动汽车，以及越来越多新的可再生能源发电厂的建设，人类对于这类电池的需求量也在直线上升。但是，锂和其他类似的金属都是有限的资源。人类必须把它们从地下开采出来，并且用有毒的化学品对这些金属进行加工，之后才能投入使用。而在开采和加工的过程中，动植物的自然栖息地会遭到破坏，环境会遭到污染。不仅如此，这些电池的生产成本也很高，而且，随着时间的推移，它们储存电能的能力还会减弱。

澳大利亚的一座锂矿

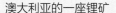

解决它!
储存太阳能

为了更好地利用太阳能等可再生能源，我们除了要掌握利用这些用能源发电的方法之外，还必须掌握储存这些能源的方法。你能利用下面提供的信息，想出一种能够储存太阳能的方法吗？

事实一

光伏（太阳能）电池板能够立刻将来自太阳的光能转化成电能，但是它们只有在阳光灿烂的时候才能正常工作。

事实二

除了光能之外，我们还可以从太阳中获得热能。我们可以通过镜子，将太阳辐射的光能吸收并转化为热能收集在一个集中的区域之中。

事实三

把来自太阳的能量集中起来，可以把一个物体加热到非常高的温度。

事实四

有些固体物质在经历了高温加热之后会变成液体，这些液体可以根据需要被储存起来或者被输送到其他地方去。

事实五

根据我们在前面学习到的知识，热能是标准的化石燃料发电厂当中一个重要的组成部分。（详见第10～11页）

你能解决它吗？

热能是一种可以用来发电的能量。结合上面提到的信息想想，我们怎样才能收集来自太阳的热量，并且根据需要，用它来发电呢？看看下面这些小问题：

▶ 在传统的化石燃料发电厂当中，我们是怎么发电的？

▶ 可以通过怎样的方法，把上面提到的各个信息联系起来？

▶ 试着把你的想法画下来，并进行解释。

还是想不出来？翻到第45页看看吧！

试试看！
制作太阳能炉灶

自己制作一个可以加热食物的太阳能炉灶，一起来探索，被反光板汇聚在一起的太阳热量究竟有多大的力量吧！

你将会用到：

- 1个带盖子的纸箱，如盖着盖子的鞋盒
- 铝箔
- 胶水
- 保鲜膜
- 胶带
- 1根长长的木头签子
- 1把美工刀
- 一些易熔化的食物，如上面有奶酪碎或者巧克力碎的饼干

第（一）步

请大人帮你用美工刀在盒子的盖子上切出一个可以翻折的盖子。这个盖子的一边连在原先的盖子上，周围留出一个大概3厘米的边框。具体如下图所示。

沿着虚线剪切

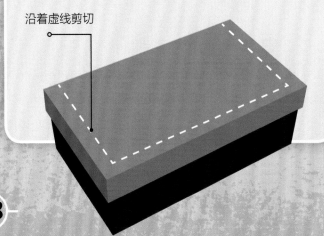

第（二）步

用铝箔铺满整个盒子的内侧，包括上一步中剪出的那个可以翻折盖子的内侧。把铝箔粘在合适的位置上，记得铝箔暗淡的一面才是涂胶水的一面，不要粘反了。粘的时候要尽可能保持铝箔的光滑和平整。

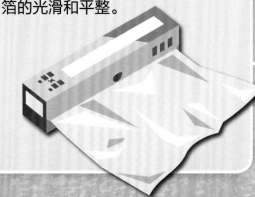

第三步

掀开翻盖，用两层保鲜膜把翻盖形成的开口密封好。把一层粘在整个鞋盒盖子的下面，另一层粘在鞋盒盖子的上面。这样，在两层保鲜膜之间就形成了一个窄小的空腔。

第四步

用那根长长的木头签子把盒子的翻盖支撑开，然后把盒子放在阳光直射的环境中。可以按照阳光照射的角度放置盒子，确保盒子能够收集到尽可能多的阳光。

第五步

大约 1 小时之后，打开鞋盒盖子，把带有奶酪碎或者巧克力碎的饼干放进太阳能炉灶。盖上盖子，但是要一直用木头签子支撑住翻盖，这样可以继续把太阳的热量汇集到炉灶当中。

第六步

根据光线强度的不同，需要 30 ～ 60 分钟的时间，你放进太阳能炉灶里的带有奶酪碎或巧克力碎的饼干就会变得温暖、松软，上面的奶酪碎或者巧克力碎也会逐渐熔化。然后，你就可以把饼干拿出来尽情享用啦！

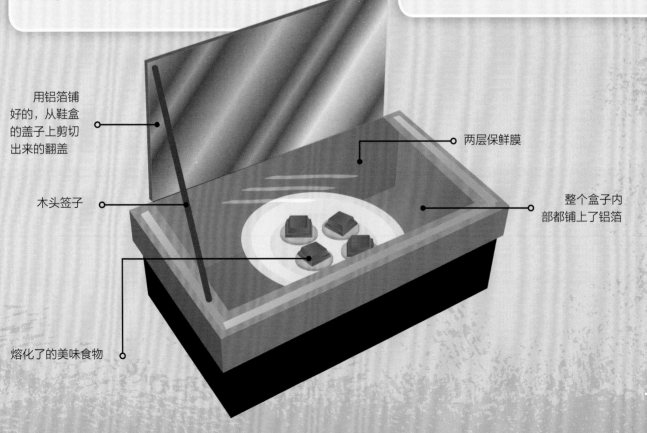

用铝箔铺好的，从鞋盒的盖子上剪切出来的翻盖

两层保鲜膜

木头签子

整个盒子内部都铺上了铝箔

熔化了的美味食物

未来的能源

人们现在亟需摆脱对化石燃料的依赖。在这样的需求激励下，科学家和工程师研发数百种不同的解决方案，以求在减少污染的同时，满足人们不断增长的能源需求。有一些方案已经通过了科学验证，而另一些方案现在听起来更像是科幻小说中的情节！下面列出了未来能源技术的几个发展方向。

捷克共和国杜科瓦尼的一座核电站

新核能

人类利用核能已经有几十年的历史了。但直到目前，我们对核能的利用都基于核裂变。核裂变是一种使原子分裂并产生能量的反应形式。尽管核裂变不会产生温室气体，但会产生大量危险的放射性物质。这种物质在未来几千年的时间中，会一直伤害各种生物。所以，科学家们正在试图开发一种利用核聚变反应来获得能量的技术。核聚变是使原子聚合在一起的核反应形式。尽管核聚变不会产生危险的放射性废物，但是，直到现在，人类还没有掌握一种技术能够大规模地利用核聚变反应进行发电。

关注点：

核聚变

太阳内部正在进行的反应就是核聚变。在反应过程中，两个氢原子会聚合在一起，形成一个氦原子。

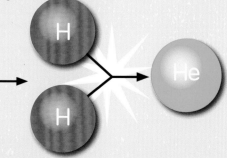

空间太阳能

有一个地方，那里永不日落，且阳光永远灿烂——这就是太空！太空太阳能发电的灵感就来源于此。这种技术将从太空中收集到的太阳能转化成微波，然后将其发射到地球上。而地面上的大型卫星天线会把这些微波收集起来，再将其转化成电能。

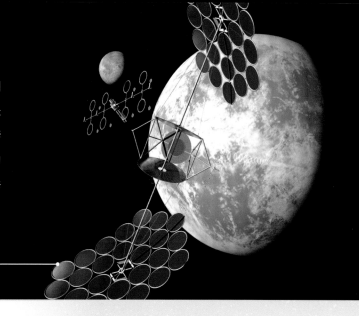

美国宇航局（NASA）设计的太空太阳能电站的概念图

全球超级电网

另一种解决间歇性问题（见第 33 页）的方法是，将世界各地的利用可再生能源发电的电站全部连接起来，形成一个巨大的全球超级电网。毕竟，在全世界，总有一个地方会是阳光明媚或者大风呼啸的！这种大面积连接发电厂的想法也可以在较小的规模上进行实践。如果全国每个社区都有自己的光伏发电或风力发电设备，那全国人民就不需要依赖大型集约式发电厂了。这样的话，全国每一个角落都会有少量的电能产出，这些电能会共享给庞大电网上的每一个用户。

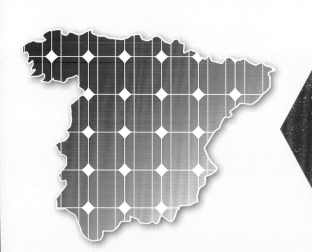

在目前的能效水平下，我们可以用面积约为 **496 805** 平方千米的太阳能电池板来满足全世界的电力需求，这大致相当于整个西班牙的国土面积。

解决它！　绿色能源　第12~13页

世界各地的科学家和工程师都正在努力研发各种新技术，以求充分利用可再生能源。以下是一些重要的充分利用可再生能源的技术。

风力发电

流动的空气中蕴含着动能。其中的能量可以用来旋转风力涡轮机的叶片，再通过增加旋转速度快的齿轮组把风力涡轮机连接到发电机上，我们就可以利用风力来发电了。

地热能发电

在火山活动频繁的地区，有一些地热资源很接近地表。在这样的地区，我们可以将管道埋藏到地下，并且通过水泵将水输送到地下管道之中。管道中的水会在吸收了地下热能之后沸腾，由此产生的蒸气就可以用来驱动发电机了。这就是地热能发电的原理。

水力发电

地表的水受重力作用，会从高山奔流而下，汇入河流，流向大海。利用大坝，人类可以把河水蓄积在地势较高的地方，产生重力势能。大坝的墙壁上有很多小的通道，当河水流经这些通道时，通道内部的涡轮机就会被带动，开始高速旋转，重力势能就被转化成了动能，进而转化为电能。

可持续生物燃料的主要成分是甲烷。可持续生物燃料不是用特意种植的植物加工而成，而是通过垃圾发酵形成的。下面是一些发酵和收集可持续生物燃料的方法：

动物粪便

食品垃圾和动物粪便等有机物可以被统一收集并运送到加工厂进行发酵，制成可持续生物燃料并产生沼渣。（详见第 21 页）

食品垃圾

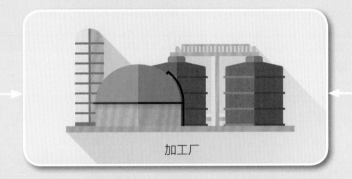

加工厂

被覆盖后的垃圾填埋场

垃圾填埋场在被覆盖之后，也能产生甲烷。产生的甲烷可以利用管道进行收集。

甲烷储罐

除了提供能源之外，利用垃圾填埋场和堆存食品垃圾、动物粪便来加工、生产甲烷还有一个额外的好处。甲烷是一种比二氧化碳还要强大的温室气体，通过加工和燃烧，可以使其变成水蒸气和威力较小的二氧化碳，这样将有利于缓解全球变暖。

沼渣可以代替用化石燃料提炼而来的化肥，被用作粮食作物的肥料。

答案

解决它！ ➤ **驱动汽车　第 28~29 页**

　　减少车辆排放温室气体和空气污染物有很多种方法，下面列出了三个，你还可以想出更多。

电动汽车

　　我们可以用电动汽车替代汽车等燃油车辆。然而，要想让电动汽车真正环保，还需要做到用可再生的清洁能源发出的电能来给车辆电池充电。

步行和骑行

　　其实，在很多情况下我们日常出行都不必驾车。我们可以尽可能地选择步行或骑车，而不是开车出行，以减少汽车尾气排放。

太阳能交通工具

　　科学家们正在努力研发利用太阳能驱动的交通工具。只需要将太阳能电池板覆盖在交通工具的表面，它们就能在行驶过程中自行发电！一架名为"阳光动力"号的太阳能飞机已经环游了全世界。这架飞机的机翼非常宽，上面覆盖了轻质太阳能电池板。太阳能电池板必须足够轻，才能不影响飞机的正常飞行，同时还有助于节约能源。目前，"阳光动力"号还只能搭载一个人，但我们相信在未来，技术进步会让太阳能交通工具变得普及起来。

阳光动力

热储能是把热能储存起来以供日后使用的各种技术的名称。现在，人类已经掌握了几种热储能技术，其中一种是熔盐技术。这项技术的工作原理是这样的：

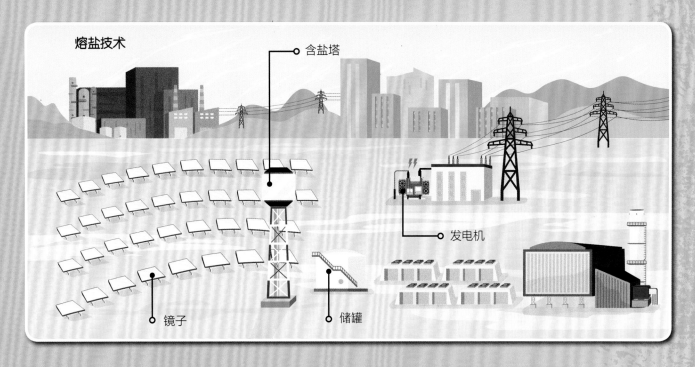

熔盐技术

含盐塔

发电机

镜子

储罐

角度特殊的镜子可以把阳光反射到中央的含盐塔上，把热量集中在这一个区域。在含盐塔当中，盐会被加热到 566℃，逐渐成为液体。然后盐液会被泵到旁边的隔热储罐当中。储罐可以给盐液保温数小时，甚至是长达一周的时间。当需要能源的时候，就用高温盐液烧水，用来驱动标准的涡轮机和发电机。

家庭供暖

除了大型的发电厂可以利用来自太阳的热量发电之外，还有一种利用太阳能的技术已经被我们使用了很长时间。这就是太阳能家庭供暖技术。把内部布满细水管的嵌板安装在房顶上，太阳能借助嵌板为其中的水加热。然后，这些水就能提供给房子里的居民用于洗浴或取暖了。

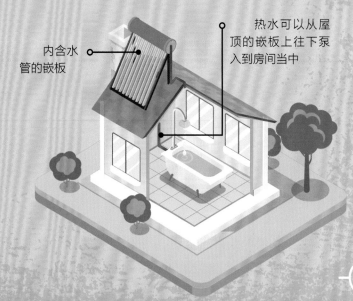

内含水管的嵌板

热水可以从屋顶的嵌板上往下泵入到房间当中

有所作为

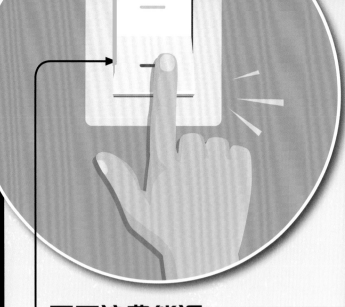

我们每天都在使用能源。不论是在使用电子设备的时候，在乘坐各种交通工具的时候，还是在购买利用能源加工的食物和其他消费品的时候，我们都直接或间接地使用了能源。在日常生活当中，我们都可以通过点滴行动来减少因能源浪费造成的温室气体排放和空气污染。

不要浪费能源

离开房间的时候，请把屋内的灯关掉。当不再使用电子设备时，也请关闭设备的电源。尽量把衣服挂在衣架上自然晾干，减少使用烘干机。在天气寒冷的时候，可以多穿一件衣服，而不是打开空调或开大暖气。

如果可以的话，尽量用步行或者骑行代替驾车出行。试着购买当地制造的食品和其他物品，而不是那些需要千里迢迢地运送到你手中的商品。

使用可再生能源

现在，有很多电力公司都已经开始使用可再生能源发电了。问问你的家人，为你们家提供电力的公司是哪一个，它是不是使用可再生能源发电的？如果可能的话，你可以建议家人使用由可再生能源发出的电能，这样你们的家庭对节能减排将做出不小的贡献。

保护环境，
从我做起。

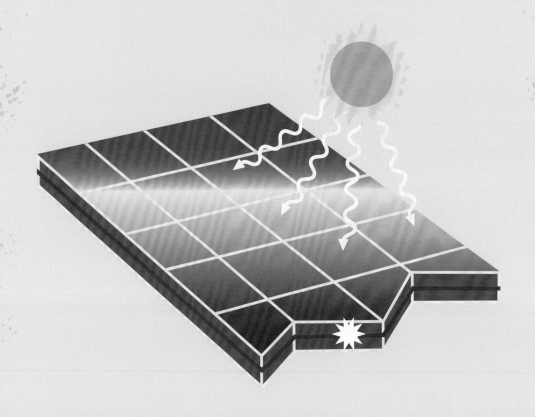